初めてでも大丈夫！

ヒョウモン&フトアゴの飼い方・育て方

監修：白輪剛史（iZoo園長）
写真協力：iZoo, DendroPark, Maniac Reptiles
撮影・飼育指導協力：海老沼剛（Endlesszone）

東京堂出版

トカゲは、小さな恐竜のようでこわそう。
精悍な顔つきがちょっとカッコいい気もするけど、
すばしっこくて、なんだか乱暴者に見える。
一緒に暮らすとなると、やっぱり無理。
なるほど・・・。
でもね、もう1度よく見て！
トカゲの目って大きくてきれいでしょ。
本書で紹介するトカゲは、
シャイでカワイイ目をしているよ。
とっても長生きで手間がかからず、
ご主人の顔を覚えてくれるトカゲもいる。
きっと、本書を閉じる時には、
トカゲと暮らしたくなっていること間違い無し！

目次

CONTENTS

第3章 ヒョウモントカゲモドキと暮らしたい【飼育実践編】

第4章 フトアゴヒゲトカゲと暮らしたい【飼育実践編】 55

コラム

第5章 白輪園長オススメ！優良「トカゲ」ショップ＆パーク …… 77

第1章

トカゲの基礎知識

トカゲと暮らす前に、
出身地域や大きさ、種類、寿命…、
まずはトカゲの基礎知識を
しっかり押さえよう。

トカゲは、ほぼ地球全域に住んでいる

トカゲは、爬虫網有鱗目トカゲ亜目に分類され、寒帯地域や高山地域などをのぞいて、地球上のほとんどすべての地域に生息しています。現在、爬虫類の中では最も種類が多いグループで、熱帯地方を中心に4000種類以上が確認されています。日本には、北海道から沖縄まで合わせて26種のトカゲが生息しています（帰化種、ヤモリ類をのぞく）。

驚いた？

オーストラリア北部やニューギニア南部に生息するエリマキトカゲ。有名なエリマキは、体温の調節に使われていると考えられています。敵に遭遇したり威嚇する時には「シュッ、シュッ」と音を出し、エリマキを広げて立ち上がります。

キューバ本島と英領ケイマン諸島に生息するキューバイグアナ。体長80㎝以上にもなる大型のイグアナで恐竜のような風格があります。

小さなトカゲ、大きなトカゲ

世界最小のトカゲは、カメレオンの一種であるミクロヒメカメレオン。マダガスカルに生息する。成長しても体長は29ミリメートルほどで、2012年2月現在世界最小の爬虫類とされています。

トカゲ界一の大物！

世界最大のトカゲは、インドネシアやパプアニューギニアに生息するハナブトオオトカゲで全長は最大で4m75cmにもなります。有名なコモドオオトカゲは重さでは世界最大で、これまでに記録された最大体重は166kg。

トカゲの寿命

ペットとして人気のあるフトアゴヒゲトカゲなども含めて一般的には10年前後といわれています。

ペットとして人に飼われるとエサに困らないので、野生の状態よりも一般的に飼育下の方が長生きするといわれています。ペットとして飼い始めたものの大きくなりすぎて捨てられたトカゲが爬虫類専門の動物園iZoo（イズー）に持ち込まれたことがある。

森一番のオシャレ

スリランカやインドに生息しているホンカロテス。樹上で暮らし、オスは鮮やかな赤い頭部が特徴です。

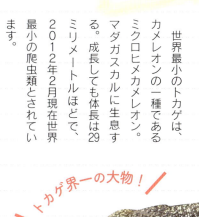

トカゲの種類分け

トカゲは、種類ごとにさまざまなグループに分けられています。ここでは代表的なグループを紹介しましょう。

＊トカゲの種類分けは、正式にはトカゲ亜目○○下目○○科とする場合が多いのですが、本書はわかりやすくするために○○科として分類しています。

◆トカゲ科（スキンク科）

日本に生息するニホントカゲやペットとして飼われるイワトカゲなど。いわゆるトカゲっぽいトカゲです。

日本ではiZoo（イズー）だけで見ることができるストケスイワトカゲは、オーストラリアの乾燥した岩場などに生息しています恐竜に似てるでしょ～！

◆イグアナ科

頭頂部から背中に掛けてクレスト（トサカのような部分）があります。グリーンイグアナやガラパゴス諸島に生息するイグアナが有名です。

竜のようないかつい風貌をしていますが、ほとんどのイグアナは草食でキューバイグアナもフルーツや木の葉、花などを食べています。

◆アガマ科

エリマキトカゲやウォータードラゴン、アゴにヒゲがあるようなフトアゴヒゲトカゲなどがいます。

◆ヤモリ科

人気のヒョウモントカゲモドキはヤモリの仲間です。トカゲとヤモリの違いは、ヤモリにはまぶたがなく目にはうすい膜がかかっていて、ときどき舌でなめて汚れを取ります。

ペットとして人気抜群のヒョウモントカゲモドキは、元々インド北西部から中東の岩場や草地に生息しているヤモリの仲間です。肉食で昆虫類や小型の爬虫類などを食べます。

中国の南部からインドシナ半島にかけて生息するインドシナウォータードラゴン。名前の通り危険を感じると水中に飛び込み20分以上も水中に潜り続けることができます。

パンサーカメレオンはマダガスカル北部が原産。カメレオンの中でも特に人になれやすく丈夫な種類です。体長は40〜50cmと大柄で体表も鮮やかな色彩で非常に美しいカメレオンです。

◆カメレオン科

周りの色に合わせてからだの色を変えることで有名なトカゲの仲間です。長い舌を伸ばして獲物を獲ったり、飛び出した目で、左右別々の方向を360度見ることができるユニークな仕草でペットとしても人気があります。

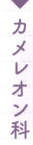

トカゲが好きなモノ・コト

地球上に4000種以上いるトカゲは、住んでいる場所や肉食か草食かといった食性によって好みも大きく変わってきます。また昼行性のトカゲもいれば夜行性のトカゲもいるといったように、種類によってまったく違う性質を持っています。ただ、トカゲ全般が好きなことは、他の爬虫類と似ています。

岩の上でまったり

乾燥した草原や岩が多い場所に住んでいるフトアゴヒゲトカゲなどは、岩などの上で甲羅干しをするように日光浴をすることを好みます。そこで、こうした地域が原産のトカゲを飼うときは、1年を通して温度を高めに設定し、岩や流木など「上でまったり」出来る場所を作ってあげることが重要です。

ホットスポットでじんわり

砂漠に住んでいるトカゲは、昼夜の気温差が激しく雨の少ない状態を好みます。したがってエジプトトゲオアガマやサハラトゲオアガマなどの砂漠に住んでいるトカゲを飼う場合は、非常に高温のホットスポット（専門の照明器具があります）を設置して、紫外線量の多い照明器具を用意する必要があります。

木の枝が必需品

熱帯のジャングルに住むトカゲは、エサも豊富でのんびり暮らしているようですが天敵も多く、外敵から身を守るために木のそばや樹上で暮らしています。そんな環境で暮らしているグリーンイグアナやインドシナウォータードラゴン、カメレオン類を飼う時に欠かせないのが、トカゲの胴体と同じぐらいの太さの枝です。ケージ内に枝を斜め45度程度の傾斜を持たせて配置すると落ち着いて暮らせます。

また同じような樹上棲のトカゲでもカメレオンモリドラゴンは垂直方向に伸びる枝につかまって昆虫類や小動物を待ち伏せて捕まえます。こうしたトカゲを飼うときは木の枝を垂直に立ててやると落ち着きます。

ハーレム

爬虫類の中でもヘビは単独飼育が基本ですが、トカゲの場合は種類によって異なります。ペットとして人気のあるフトアゴヒゲトカゲやヒョウモントカゲモドキは、野生の状態では社会性を持ちグループで暮らし、グループ内には序列があります。弱いオスやメスは、強いオスに服従する性質を持っています。ペットとして飼う場合には、オス1匹と複数のメスという組み合わせであれば、トラブルも少なく複数飼育も可能です。

平和主義者

一部のトカゲをのぞいて、基本的にトカゲは臆病な性質で、さっさと逃げて、対決を避けることを好みます。恐ろしい顔をしたイグアナは草食で、相手に危害を加えることはありません。グリーンイグアナは、食用として養殖されているほどです。

清潔好き!?

他の爬虫類と同じようにトカゲも繊細で清潔好きです。ペットとしてトカゲを飼うときは、ケージ内を常に清潔に保ってあげることがトカゲと長く暮らすカギになります。ケージが汚れたままだと匂いもきつくなり、ダニや皮膚病の原因になることもあります。水は毎日変え、1週間に1回くらいは床材を換えるなどケージの掃除をしてあげましょう。

トカゲが苦手なモノ・コト

カルシウム不足

ペットとして飼っているトカゲの病気でも深刻なのが、カルシウム不足による骨代謝障害が原因でカラダの一部が変形してしまうことです。一番多いのは、前足が内側にゆがんでくる症状です。カルシウム不足が進行すると、アゴが変形してエサが咬めなくなったり背骨や尾が曲がったりしてしまいます。日頃からカルシウム剤などを与え、紫外線に当てるようにしましょう。

郵 便 は が き

料金受取人払郵便

神田局
承認

1551

差出有効期間
平成28年8月
31日まで

101-8791

511

東京都千代田区
神田神保町1丁目17番地
東 京 堂 出 版 行

※本書以外の小社の出版物を購入申込みする場合にご使用下さい。

購入申込書

〔書　名〕	部数	部
〔書　名〕	部数	部

送本は、○印を付けた方法にして下さい。

イ.下記書店へ送本して下さい。
（直接書店にお渡し下さい）

（書店・取次帖合印）

書店様へ＝貴店帖合印を捺印の上ご投函下さい。

ロ.直接送本して下さい。

代金（書籍代＋手数料、冊数に関係なく200円）は、お届けの際に現品と引換えにお支払い下さい。

＊お急ぎのご注文には電話、FAXもご利用下さい。
電話　03−3233−3741㈹
FAX　03−3233−3746

愛読者カード

〈本書の書名〉

フリガナ お名前	年齢 歳	男 女

ご住所　（郵便番号　）

電話番号　（　）

メールアドレス　@

ご職業	本書をどこでご購入されましたか。
	都・道 府・県　市・区　ネット書店　書店

■お買い求めの動機をお聞かせ下さい。（複数回答可）

A 新聞・雑誌の広告で（紙・誌名　）
B 新聞・雑誌の書評で（紙・誌名　）
C 人にすすめられて　D 小社のホームページで　E インターネットで
F 書店で実物を見て　（1.テーマに関心がある　2.著者に関心がある　3.装丁にひかれた　4.タイトルにひかれた）

■本書のご感想、お読みになりたいテーマなどご自由にお書き下さい。

■ご関心のある読書分野（複数回答可）

A 日本語・ことば　B 外国語・英語　C 人名・地名　D 歴史・文学
E 民俗・宗教　F 自然・気象　趣味（G マジック　H ハーブ・アロマ
I 鉄道　J その他　）　K その他（　）

★ご協力ありがとうございました。ご記入いただきました個人情報は、小社の愛読者名簿への登録、出版案内等の送付・配信以外の目的には使用しません。
愛読者名簿に登録のうえ、出版物のご案内をしてよろしいでしょうか。

（□ はい　□ いいえ）

なお、上記に記入がない場合は、「いいえ」として扱わせていただきます。

温度に敏感

　爬虫類のトカゲは、変温動物なので自分で体温調節ができません。つまり、外気温が上がれば体温も上がり、外気温が下がれば体温も下がってしまいます。したがってトカゲを飼うときに一番注意しなければいけないことが温度管理なのです。トカゲが本来生まれた環境になるべく近い温度を保つことがトカゲにとっても一番快適な状態といえます。

ハンドリング

　トカゲを手の上に乗せたり触ったりすることをハンドリングといいます。イヌやネコと違いトカゲなどの爬虫類は、人に触れられて喜ぶなどということはありません。つまり、トカゲが人に触られて目を閉じて「気持ち良さそう」にしていると感じるのは人間の勝手な見方というわけです。

　ハンドリングには大きな「危険」もあります。人に「つかまれる」と、本能的に補食されると思ってしまい、逃げようと暴れたり、噛みつこうとする場合があります。ペットのトカゲに噛まれて大ケガをすることはほとんどありませんが、手から落ちてトカゲがケガをすることもあります。ハンドリングは、相手を驚かせないように注意しながら少しずつ慣らしていきましょう。

毒のあるトカゲ

毒を持つトカゲは非常に少なく、ドクトカゲ科ドクトカゲ属の項目に入るトカゲは世界で2種類しかいません。それがアメリカドクトカゲとメキシコドクトカゲです。

＊有名なコモドオオトカゲも毒を持っていることがわかっています。

一生の95%を地下で過ごす

アメリカドクトカゲは、アメリカ南西部からメキシコ北西部にかけて生息しています。上あごに長い牙を持つ毒ヘビと違い、毒腺は下あごにあり牙もあまり発達していません。噛みついた時にできる傷口から毒を流し込みます。人間がかまれると激しい痛みや患部の腫れなどの症状が出ますが、健康な人間が死に至ったという事例は報告されていません。

アメリカドクトカゲは、動きが鈍いトカゲで主に他の爬虫類などの巣から奪った卵や生まれたばかりのほ乳類などをエサとしています。一生の95%以上の時間を地下の巣穴で過ごし、地上に出てくるのはエサを獲るときと日光浴をするときぐらいといわれています。

　メキシコドクトカゲとともに日本にもCB（繁殖）個体が入ってきていますが、非常に高価で飼育には都道府県知事の許可が必要です。

アメリカドクトカゲは体長は50㎝前後。太い尾には脂肪分を蓄えることができ、何ヵ月もエサを食べずに過ごすことができます。

木にも登れる!!

　メキシコドクトカゲは、アメリカドクトカゲより一回り大きく、体色は褐色で淡黄色の小さな斑点があります。顔と頭部には斑点がなく黒か黒褐色で、どう猛な雰囲気があります。森林や灌木林に生息し、木にも登ることができます。

　危険を感じると口を開けて威嚇します。アメリカドクトカゲと同じように舌は二股に割れており臭いを嗅ぐのに使用し、爬虫類の卵や鳥類のヒナを探し出して食べます。


メキシコドクトカゲの体長は、70㎝前後まで大きくなります。アメリカドクトカゲよりもややスマートな体形で黒い顔と二股の舌がが大きな特徴です。

コラム
①

オスとメスの見分け方

トカゲは、ヘビとは違い外見から見分けることが比較的簡単にできます。ヒョウモントカゲモドキなどのヤモリ類は全体的にオスの方が大きくてガッチリしています。他のトカゲ類でも尾の付け根にある総排泄孔を見れば区別がつきます。

ヒョウモントカゲモドキのオスは前肛孔のウロコ1枚1枚に小さな穴が開いているのですぐにわかります。

第2章

トカゲと暮らそう【飼育準備編】

どんなトカゲが飼える？　飼いやすい？

初めてでも飼いやすいトカゲは
どんな種類がいいでしょう。

1. 環境の変化にも強くて丈夫
2. 飼育の手間が比較的簡単
3. 他との差別化がしやすく愛着がわく
4. 気性がやさしくおとなしい
5. 手に入れやすい価格

という条件で、
一緒に暮らす「新しい家族」の
候補を探してみましょう。

ヒョウモントカゲモドキ

どんなトカゲ?

大きな目、ずんぐりしたシッポ……。ヒョウモントカゲモドキは、その名の通りトカゲではなくヤモリ科の仲間。基本的なカラーは、黄色い地に黒い斑点がありヒョウのような紋様からレオパード・ゲッコー、別名「レオパ」と呼ばれ、古くからペットとして飼われてきました。ヒョウモントカゲモドキは、イラン東部、アフガニスタン南西部、パキスタン、インド北西部の乾燥した岩場や草地に生息しています。

国内でペットとして流通しているヒョウモントカゲモドキは、ほとんどがCB個体と呼ばれる人工繁殖によって生まれた個体です。現在では人工的にさまざまなカラーを持つヒョウモントカゲモドキが生まれています。

手に乗せて遊べるのでペットとして飼うトカゲ類では1、2位を争うほどの人気者です。

チャームポイントは、なんといっても太いシッポ。物怖じせず丈夫で人懐っこい性格なので入門用としてオススメです。

選び方や飼いやすさは？

自分の目で見てよくエサを食べ、シッポの太い元気な個体を選ぶことが基本です。ショップの店員さんに食欲はあるか、きちんと脱皮をしているかといった健康状態を確認することが基本です。幼体で購入する場合は、「エサを食べているか」「何を食べさせているか」を必ず確認しましょう。

ヒョウモントカゲモドキは、基本的に丈夫で、極端な高温や乾燥に注意すれば、特に神経質になることはありません。ただし、ヒョウモントカゲモドキに限らず、トカゲは基本的には臆病で神経質な生き物ですから飼育には十分注意しましょう。

流通価格は？

ペットとしてのヒョウモントカゲモドキは、さまざまなカラーがあります。スタンダードなカラーの個体は5000円程度から買えますが、他とは違う個性的な個体は5万円以上するものもいます（第3章参照）。

レオパと呼んで!!

フトアゴヒゲトカゲ

どんなトカゲ？

オーストラリア東部の砂漠地帯が原産のフトアゴヒゲトカゲ。寒暖の差が激しい砂漠で暮らすトカゲなので基本的に丈夫で、成長すると40㎝程度になります。

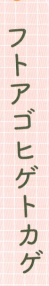

名前の由来通り、アゴに太いトゲのような突起がたくさんあります。トゲのような突起は一見固そうに見えて実は柔らかいのですが、興奮するとノドをふくらませて相手を威嚇します。

とても頭がよく、飼い主の顔を覚えたり、名を呼ぶと寄ってくるモノもいるとか。しかも、体表の色が豊富で他の個体と区別がつきやすいので、ペットとしての愛着もわいてくるはずです。

選び方や飼いやすさは？

自分の目で見て元気な個体を選ぶことが基本です。フトアゴヒゲトカゲは、雑食性なのでショップの店員さんに「食欲はあるか」、「何を食べさせているか」をしっかり確認することはもちろん、自分の目で多くの個体を見比べて元気な個体を選びましょう。

フトアゴヒゲトカゲは、生後数カ月のベビー体にはコオロギなどの生き餌を与えますが、成長すると肉食よりも草食を好むようになります。「生き餌を与えるのはちょっと……」という人は、成体から飼い始めるのもいいでしょう。しかし、小さな状態から育てれば愛着もグーンとわいてくるはずです。フトアゴヒゲトカゲは、爬虫類では珍しく人がハンドリング（触れ合うこと）しても嫌がらないところも飼い主にとってはうれしいところです。

流通価格は？

フトアゴヒゲトカゲは、体表の色や模様がさまざまの個体があり、その年によって人気の色や模様が違ってきます。スタンダードな茶系の強いカラーのベビー体で1万円ぐらいからあります。人気のオレンジ系や模様の鮮やかな個体の場合は、３万円以上するものもあります。

あっ！ご主人様だ！

イヌやネコのように飼い主の顔を覚えたり、飼い主と触れ合うことを嫌がらないので、人気抜群です。大事に飼えば10年以上生きますよ。

オオアオジタトカゲ

スマートなからだが自慢

どんなトカゲ？

オオアオジタトカゲは、名前の通り舌が青いのが特徴でインドネシアの島やパプアニューギニアが原産のトカゲです。全長50～60㎝と大型ですが、やや細めのからだをしています。

体表は、背面が灰褐色や明褐色で、細く黒い横帯が入っていますが、四肢は靴下を履いたように真っ黒です。顔はゴツゴツしており迫力があります。

昼行性なので、昼の間活発に動いている様子を見ることができるのもうれしいポイントです。丈夫なトカゲなので10～15年ぐらい生きます。

トカゲには昼行性と夜行性がありますが、オオアオジタトカゲは、昼間活動するので、動いているところをしっかり観察できます。

選び方や飼いやすさは？

　少し気性が荒いところもありますが、丈夫で飼育しやすいトカゲです。選び方は、自分の目で見てよくエサを食べる元気な個体を選ぶことが基本です。健康状態や飼育上でわからないことは積極的にショップの店員さんに聞いて選んでください。

　丈夫なトカゲなので、あまり神経質になる必要はありません。大型のトカゲなので、ケージ（容器）は1m×1mぐらいあった方が良いでしょう。身を隠せるようにシェルターを置いてあげると安心します。ホット温度管理の基本は25℃程度。ホットスポット下は32～35℃前後に設定します。さらに、容器下にフィルムヒーターを敷くといいでしょう。ときどき直射日光に浴びさせる必要があります。雑食性なので、エサは昆虫類、ピンクマウスなど動物性タンパク質、果実、トカゲ用の配合飼料、ドッグフードなどをバランス良く与えます。

流通価格は？

　流通量の多いトカゲなので、1万円程度から買えます。

　ただし、大型のトカゲなので少し大きめのケージと、地べたを這うタイプなのでお腹を冷やさないように床ヒーターが必需品になるので、飼育備品も含めて考えましょう。

ニシキトゲオアガマ

鮮やかな
背中が自慢

どんなトカゲ？

アガマとはトカゲのグループの一つで、人気のフトアゴヒゲトカゲもアガマの仲間です。ニシキトゲオアガマはその名の通り、オスは成熟すると青や緑を基調にして赤、黄、赤紫、黒などの斑紋が虫食い状に入り、非常にカラフルな紋様で人気が急上昇しているトカゲです。エジプト、イスラエル、サウジアラビアなどの中東で乾燥している地域に生息しています。体長は30〜40㎝ぐらいの中型ですがずんぐりして、トゲトゲの尾も迫力があります。外見からは想像がつきませんが、ほぼ完全な植物食性のトカゲで特に花を好んで食べますが、飼育下では昆虫も食べます。

選び方や飼いやすさは？

自分の目で見て元気な個体を選ぶことが基本です。ケージ（容器）は90〜120㎝程度のものが必要です。温度管理の基本は27〜30℃程度。砂漠地帯が原産なだけにホットスポット下は45〜50℃前後に設定します。ただし、夜間は20℃前後に落とします。日光浴をするホットスポットと身を隠すシェルターは必需品です。

エサは野菜中心に与え、ときどきコオロギなどの昆虫も与えると良いでしょう。温度管理に少し手間がかかりますが、その美しさには他のトカゲにはない喜びを感じるはずです。

流通価格は？

人気急上昇のトカゲということもあり、価格は1万5000円〜。どこのショップにもいるトカゲではないので、一度ショップに問い合わせてみた方が良さそうです。

トカゲの中でもひと際華やかな色彩を持っているニシキトゲオアガマ。環境によって出てくる色合いに微妙な差がつくところも魅力です。

マスクゼンマイトカゲ

どんなトカゲ？

マスクゼンマイトカゲは、カリブ海のイスパニョーラ島のみに生息する全長17～27㎝という小型のイグアナ科のトカゲです。一般的にオスは成熟するときれいなオレンジ色になります。小型でもそこはイグアナの仲間なので、カッコいいトカゲといえるでしょう。価格も手頃で、これから人気がでること間違い無しのトカゲです。

選び方や飼いやすさは？

自分の目で見て元気な個体を選ぶことが基本です。ショップの店員さんに食欲はあるか、きちんと脱皮をしているかといった健康状態を確認することも忘れずに。

ケージ（容器）は60㎝クラス以上で特に通気性を良くして、高さもある程度必要です。温度管理の基本は

マスクゼンマイトカゲは、顔にマスクのような黒い模様があり、危険を感じて逃げるとき、ゼンマイのように尾を巻くことが由来といわれています。

26〜30℃で、夜間は21〜24℃にし昼夜の温度差を付けましょう。ホットスポット部は32〜35℃程度に保ちます。立体的な活動を行なうので、流木を横倒しにして観葉植物などを入れると良いでしょう。水入れは小型のものを設置します。ときどき日光浴も必要になります。

エサは、昆虫食を中心にカルシウム添加剤やときどきビタミン剤も与えるとよいでしょう。

縄張り争いが激しいトカゲなので、基本的に単独飼育しましょう。

流通価格は？

イグアナ類の中では価格も5000円台からと非常に手頃なので、ぜひ飼育に挑戦してみては！

コラム②

足のないトカゲ!?

バルカン半島などに生息するヨーロッパアシナシトカゲは、
体長100～120㎝。ペットとしても人気があります。

アシナシトカゲの仲間は200種類以上いるといわれ、ヨーロッパ、西アジア、北中米にかけて広く生息しています。別名ヘビトカゲとも言われるように、4本の足が退化してヘビのような姿をしています。まぶたと耳の穴があることでヘビと区別できますが、ヘビよりもカラダが硬くとぐろを巻くことはありません。他のトカゲと同じように自分で尾を切って逃げるという行為をすることがあります。

アシナシトカゲの捕食の仕方はユニークです。ヘビのように絞め殺したり獲物を丸呑みするのではなく、捕まえた獲物を地面や石に叩きつけて殺してからゆっくり食べるのです。

また、非常に長生きすることで知られ、ヨーロッパアシナシトカゲは、ペットとして50年以上生きた記録もあります。

第3章

ヒョウモントカゲモドキと暮らしたい【飼育実践編】

場所も取らず、飼育は容易。
ユーモラスな動きとトボけた顔で、
一人暮らしの女性にも人気が高い
ヒョウモントカゲモドキ。
爬虫類やトカゲ飼育の初心者が
知っておきたいポイントや
飼育の方法を徹底ガイド

●飼育指導
海老沼剛（Endlesszone）

●撮影協力
DendroPark

ヒョウモントカゲモドキと暮らす10の理由

からだは小さいけど、
心はビッグだぜ

1

温度管理が
厳密ではないので、
初心者でも飼いやすい

2

大きくならないので、
取り扱いが楽

3

10 ～ 20 年は
生きるので、
家族の一員として
暮らせる

4

さまざまな色合いがあり、
自分だけの個体を持つ
楽しみがある

日本人と同じで、
長生きするよ

5

鳴かないので
家の中で
安心して飼える

6

手からエサを
食べてくれる

7

エサは数日に
1回ていどと飼育が楽

泣き言は
言わないよ

8

夜行性なので、
夜帰ってきても
起きていてくれる

9

清潔好きで、
手に乗せても
匂わない

10

個体の価格が比較的安く、
種類も豊富で
手に入れやすい
（5千円～）

午前様でも
寝ずに待ってるワ

ヒョウモントカゲモドキのからだ

ヒョウモントカゲモドキのからだは、成長しても全長は20～25㎝と、それほど大きくなりません。そしてその特徴は、なんといっても丸々と太った尻尾の部分。スマートさはないけれど、なんとなくユーモラスなボディも人気の秘密です。では、そのからだの隅々まで見ていきましょう。

尾

この部分に脂肪や栄養を蓄えておくため、太く特徴的な形になっています。何らかの理由でエサが食べられない時は、ここから栄養を吸収しています。また、他のトカゲ同様、身の危険を感じると尻尾切り（自切）をすることも。自切してもまた再生してきます

足

からだをしっかりと支える足は、後ろ足のほうが前足に比べて太くガッシリしています。歩く時、お腹を下に擦ることはありません

指

一般的なヤモリと異なり、指の裏に趾下薄板（しかはくばん）を持っていないため、壁や天井を這い登ったりすることができません。指先に小さな爪がついています

目

縦長の瞳を持ち、猫の目のように昼間は細く、夜は楕円形に。他のヤモリ科の仲間とは違い、ヒョウモントカゲモドキには瞼があります。目をつぶって寝ているところもまた可愛らしいです

耳

大きな穴が空いた耳。穴の周りに棘状の鱗が並び、穴の奥に鼓膜があります

口

牙はなく、小さくて鋭い歯が並んでいます。ヘビとは異なり、舌先は割れていません

体表

細かな鱗とツブツブ状の鱗でからだ全体が覆われています。その鱗が、さまざまな色合いや模様を出しています

腋下

前足の脇の下部分に窪みがありますが、この存在理由はまだわかっていません

頭

頭の幅は広く、口は意外に大きく開くので、大きめのエサでもパクリと一口で食べられます

鼻

嗅覚はそれほど鋭くないので、鼻の穴もあまり大きくありません

ヒョウモントカゲモドキのバリエーション

ヒョウモントカゲモドキの学名は「Eublepharis macularius」というとても覚えきれないものですが、英名では一般的に「Leopard Gecko」と呼ばれ、日本の愛好家の間ではそれを略して「レオパ」と呼ばれています（Geckoはヤモリの意）。日本で流通している個体のほとんどは人工的に繁殖、飼育されたもので、ブリーディングの掛け合わせにより、さまざまな色合いや模様の品種が生まれています。その種類は無限ともいえるほどで、自分の好みに合ったものを選ぶことができます。

モンタヌス
パステル
ラプター
スノーラプター

ベルアルビノ
ゴジラスーパージャイアント
トレンパーアルビノ
ディアブロブロンコ
ファイアーウォーター
スーパーマックススノー
レインウォーターアルビノ

丈夫な個体の選び方

個体選びはじっくりと

ヒョウモントカゲモドキは飼育下では10～20年生きます。飼い始めたら長い付き合いになるので、最初に個体を選ぶ際には、じっくりと時間をかけてお気に入りのものを選びましょう。お気に入りの一匹なら、いつまで眺めていても飽きることがありません。それが、長く飼い続けていく秘訣の一つです。

生まれて間もないベビー個体の場合、慣れない初心者は最初のエサやりで苦労することもあります。そのため、爬虫類専門店などの専門家の手で餌付けがある程度済んでいるヤング個体以上のものを購入したほうが、エサの食いつきがいいので、苦労することなく飼育を始められます。

ヒョウモントカゲモドキはペットの爬虫類としては一番人気なので、

多くの爬虫類専門のペットショップで取り扱われています。第5章「白輪園長オススメ！　優良『トカゲ』ショップ&パーク」（P77〜）でもお薦めのショップを紹介しているので、そちらもショップ選びの参考にしてみてください。

ボクたちは
一人暮らしの若い
女性にも
人気のペットさ

購入前の健康チェック

爬虫類専門のショップで取り扱われている個体は、どれもしっかりした管理下で育てられているので、健康状態に問題があることはほとんどありません。しかしそれでも、自分の目でしっかりチェックすることは重要です。もちろん初心者では見てもわからないことが多いのですが、ショップの店員さんに健康状態の見方などを聞きながら見ていくと、飼育を始めてからの健康チェックにも役立ちます。

個体を選ぶ際の基本的な見方としては、まず尻尾が太くてエサの食いつきがいいこと。尻尾が太いということは、ちゃんとエサを食べてそこに栄養を蓄えている証拠です。

次に足腰が丈夫なこと。歩く時に四本の足でしっかり体を持ち上げ、お腹の部分を下に擦ったりしていないかなどをチェックしてください。

体表の鱗にしっとりと艶があるものは健康な証拠。カサカサになっているようなものは避けたほうが無難です。ただし、脱皮直前は体表の色がくすんでくるので問題ありません。脱皮前なのかどうか、店員さんに確認しましょう。

どうだ、
立派な尻尾だろう？

ヒョウモントカゲモドキのお家を作ろう

飼育に必要なケージは？

ヒョウモントカゲモドキの住処となるケージは、それほど大きなものを必要としません。成体でも幅35㎝×奥行き25㎝もあれば十分ですが、できれば長辺が個体全長の倍くらいの長さになるものを選びましょう。

ケージの材質はプラスチックが軽くて扱いやすく、価格も安いのでオススメです。全面透明なものや、三方が白色で上面と前面だけ透明なものなどがありますが、どちらでも大丈夫。お好みで決めましょう。

ヒョウモン飼育の基本セット。フタがスライド式のものだと、開け閉めしやすいので世話も楽。空気穴が開いていることも重要です

床材用のアスペンはペットショップやネットショップで購入できます

重要なのは、フタがしっかり閉まること。ヒョウモンはあまり立体移動をしませんが、フタが開いていると、何かの拍子に逃げ出してしまう恐れもあります。

爬虫類専門ショップに行けば、さまざまな種類のケージが売られているので、店員さんのアドバイスを聞いて選ぶのが一番です。

ケージ以外で基本的に必要なものは、床材と水入れ、シートヒーター。それに加えて隠れ家用のシェルターもあるといいでしょう。

シェルター兼用の
水入れなら、スペースを
取らないので便利

その他、快適な住環境に必要なもの

床材にはさまざまなものがありますが、一番取り扱いやすいのがキッチンペーパーやペットシーツ。汚れがわかりやすく、交換も容易です。もしキッチンペーパーでは見た目が味気ないなという人は、木くずのような素材のアスペンも、取り扱い易く、ヒョウモンにも害がないのでオススメです。

水入れは、ヒョウモンが動きまわった時に簡単にひっくり返ったりしない、重心が低く安定したものを。

シートヒーターは、ケージの下に敷いてケージ内を遠赤外線で温める装置。自動温度調節機能がついているかどうか確認して購入しましょう。これも爬虫類専門ショップで購入できます。

ヒョウモンは夜行性なので照明は不要で、カルシウムを吸収するための紫外線も必要ありません。

シェルターは必ずしも必要ではありませんが、夜行性のヒョウモンが昼間ここに身を隠しておけます。

以上のセットで費用は1万円前後と、お財布にも優しいのがヒョウモンの魅力でもあります。

ケージを底から
温めるシートヒーター。
ケージの底面積よりも
小さいもので十分です

ヒョウモントカゲモドキの快適な暮らし

オレは
ジメジメした
ヤツが嫌いなのサ

快適な環境の温度は？

ヒョウモントカゲモドキは中央アジアから西アジアにかけての荒野や砂漠などの乾燥地が原産で、夜行性の動物です。そのため温度や湿度の変化に比較的耐久性があり、厳密な管理は不要。それがヒョウモンの飼いやすさにつながっています。

とはいえ、最低限の温度・湿度管理は必要です。

ヒョウモンにとって一番快適な温度は25～30度。これ以上寒くても暑くても生きていくことはできますが、寒ければ活動力が落ちてエサを摂らなくなり、暑さが続くとバテて体力を落としてしまいます。

ケージ内の温度管理には、シートヒーターを使います。自動温度調節機能がついたものなら、過度な温度

ワタシ、
辛抱強いほうだけど、
ちゃんと
面倒を見てネ

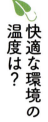

上昇が起きないので、一日中つけっぱなしでも大丈夫。設置の仕方は、ケージ底の3分の1程度の部分に敷くようにすること。ケージの底全体を温めてしまうと、ケージ内が暑くなりすぎた場合に、ヒョウモンが暑さを避ける場所がなくなってしまいます。ケージ内は暑い場所とそれほど暑くない場所の両方があることが理想的です。

一緒に飼うならオスとメス

ヒョウモンは乾燥した場所を好むので、ケージ内の湿度が高くなりすぎないよう気をつける必要があります。

とはいえ、水分は必要としますので、水入れには十分な水を入れておき、汚れていなくても2～3日に1回は取り替えましょう。水は飲むだけではなく、脱皮前に水入れに入って脱皮殻を柔らかくして、脱皮しやすくする個体もいます。

ヒョウモンは単独飼育が一番オススメですが、もし複数の個体を飼う場合、オス同士を一緒にケージに入れて飼うのはNG。お互いに縄張り争いをしてしまいます。メス同士、またはオス1匹に対してメス数匹ならば、一緒のケージで飼うことも可能です。

ただしその場合、単独で飼うよりも大きなケージが必要になることは言うまでもありません。また、飼育頭数分のシェルターも用意してあげましょう。飼育に大きなケージを要しないヒョウモンなので、できれば単独飼育をするようにしましょう。

ヒョウモントカゲモドキのごはん

どんなエサを食べるの？

ヒョウモントカゲモドキは肉食なので、エサは主に昆虫を与えて育てます。昆虫のなかでも一般的には生きたコオロギを与えます。

　コオロギの場合、ヒョウモンに与える前に、カルシウム剤とビタミン剤の粉末にまぶしてからあげることが重要です。これらの粉末は爬虫類専門ショップなどで手に入ります。

　これを怠ると、ヒョウモンがカルシウム不足による骨代謝障害になりやすくなってしまいます。特に成長過程にあるベビー・ヤング個体や、産卵前後のメスには、十分にカルシウムを与える必要があります。

　この他に、昆虫をベースにした粉末をお湯で溶いて練り物状にする人工飼料も、保存がきいて栄養的にバランスが取れているので便利です。

エサの与え方と頻度はどのくらい？

コオロギの与え方には2通りあります。一つは、ヒョウモンの活動が活発になる夕方以降に、生きたコオロギをケージに数匹放しておく方

ヒョウモンにエサをあげる際に使うピンセットは、竹製のものなら万一ヒョウモンが噛みついてしまっても、口を傷つけない

エサとなるコオロギはペットショップで購入可能。買ってきたら、コオロギにもエサをあげて栄養価を高めておくと◎

アメリカのレパシー社が出している人工飼料「グラブパイ」は、ヒョウモンの食いつきもよく、好評を得ている

法。

こうしておくと、お腹が空いたヒョウモンが自分でコオロギを捕まえて食べてくれるので、楽な方法です。

翌日になってもコオロギが残っていたら回収して次回の給餌では個数を減らし、なくなっていたら増やして、エサの量を調節していきます。

もう一つの方法が、ピンセットで一匹ずつ直接与える方法。ピンセットの先でつまんだコオロギを、ヒョウモンの目の前で軽く揺らしてあげると、食いついてきます。差し出したコオロギを食べなくなるまで与えてしまってかまいません。

エサを与える頻度は、ベビー個体の場合は毎日か1日おき、生後半年以上のヤング個体なら1日から2日おき、1年以上の成体になったら週に2回くらいでOKです。

オッ！
オレの大好物！
ロックオン♪

パクッ

ムシャムシャ
あ〜美味い

ヒョウモントカゲモドキの世話と健康チェック

毎日してあげること

毎日ワタシの顔を
見に来て
くれなきゃ嫌ヨ

ヒョウモントカゲモドキの飼育には、エサあげ以外にも、毎日のお世話が必要です。

水入れの水が汚れていないかをチェックし、たとえ汚れていなくても、2〜3日に1回は交換。フンや尿は見つけたらこまめに取り除きましょう。ヒョウモンは尿を液状ではなく白っぽい塊で排泄します。あまり床材を濡らさないぶん、お手入れが楽です。

床材も汚れているようだったら交換。最低でも週に1度は交換し、2週間に1度くらいはケージを水洗いしましょう。

乾燥している環境を好むヒョウモンですが、ベビーからヤングにかけての個体は、自分ではなかなか水場を見つけられないこともあり、ときおり霧吹きなどでケージ内側の側面に霧を吹いてあげると、その水滴を

ヒョウモンのフン
と尿。乾燥するのも少ないが、清潔に保つためにも見つけしまったら取り除きいすい匂いしましょう

舐めて水分補給をしたりします。ただしその際も、ケージ内が湿り過ぎないよう注意が必要です。

毎日の健康チェック

ヒョウモンは頻繁に脱皮を行ないます。皮膚の色が白っぽくくすんできたらその合図。時期がくると脱皮します。ただし、ヒョウモンは脱皮した皮を食べてしまう（というよりも、皮を食べながら脱皮する）ので、ヘビのように、ケージ内に脱皮した皮が残っているということがありません。

　そこで気をつけなければいけないのは脱皮不全。鼻先や足先など、脱皮しきれずに古い皮が残ってしまうことがあります。ピンセットなどで取り除いてあげたり、皮膚にこびりついている場合はぬるま湯につけて皮膚をふやかしてから取るといいでしょう。

　以上のこと以外にも、毎日のお世話の際には以下のことをチェックしましょう。

- **便の状態はどうか**
- **食欲はあるか**
- **エサは食べるのに痩せていないか**
- **目の周りに異常はないか**
- **体の表面に異常はないか**
- **からだが変形していないか**

　少しでも異常を感じたら、まずは懇意にしている爬虫類専門店の人に相談するのがいいでしょう。もし症状がひどいようなら、爬虫類専門の獣医さんのところで診断を受ける必要があります。

毎日の
健康チェックが
長生きの秘訣ヨ

ヒョウモントカゲモドキと遊ぼう

ヒョウモンの気持ちを考える

ヒョウモントカゲモドキは何世代にも渡る人工化での繁殖によってペット化が進み、人間との触れ合いに対する許容範囲が広くなっています。とはいえ、爬虫類であることに変わりはなく、人間との触れ合いをヒョウモンが望んでいるわけではありません。あくまでも触れられてもそれほどストレスを感じないだけ、ということは覚えておきましょう。

かといって、せっかく飼っているのですから、たまには手や体に乗せたりしてスキンシップを取りたいもの。ヒョウモンのほうも慣れればそれを嫌がることはなくなるので、上手なハンドリング（手による取り扱い）の仕方を覚えておきましょう。

ハンドリングの方法

ハンドリングされることに慣れた個体なら、それほど気を使わずに扱っても問題ありませんが、まだ慣れていない個体の場合、人の手に馴れさせることが重要です。

まずは体を手で持ち上げる際に、お腹の下に手を添えるようにして差

四本の足が
手のひらに
乗るように
足元が安定すると
落ち着くなあ〜

まったり♥

ギャー、やめて〜

し込み、四本の足が手のひらに乗っかるようにして持ち上げます。足下が安定することで、ヒョウモンも安心して手のひらに乗っかることができるのです。

　もし手のひらを差し出した時に触られるのを嫌がるような素振り（手足を突っ張る等）を見せた場合は、手を引っ込めて、徐々に慣らしていくことにしましょう。特にアルビノやエクリプスなどの品種は目があまりよくないため、他の品種に比べて臆病な性質を持っています。

NGな触り方とは

　ハンドリングする際に決してやってはならないのが、頭の上に手を出したり、背中側から鷲づかみにしたり、尻尾を持ってぶら下げたりすることです。特に尻尾を持った場合、触られることにまだ慣れていない個体は自衛のために尻尾を切ってしまうこともありえます。

　しかし、ひとたびハンドリングに慣れてしまえば、手のひらに乗せてもリラックスしたままじっとしているようになります。

Zzz
Zzzzz…
スヤスヤ
冬場などは、手のひらの温かさが心地よく、そのまま寝てしまうことも

ヒョウモントカゲモドキの繁殖

飼育の次のステップとして

ヒョウモントカゲモドキの飼育に慣れてくると、その次のステップとして、誰しも繁殖のことが頭に浮かんできます。

生き物なのだから子供を産むのは当たり前……ではありますが、決して、それだけでは済まない問題もあります。

まずはP74の「繁殖を考える前に」を参照してください。フトアゴヒゲトカゲを例に取っていますが、基本的な考え方は同じです。

クーリングから発情、交尾までの流れ

ここからは、参考までに繁殖の一般的な流れを簡単に説明していきましょう。

オスは体重が45g以上、メスは50g以上くらいから繁殖可能とされていますが、それに加えて、オスは生後1年、メスなら1年以上育てたもののほうが、順調に繁殖が進みます。

また、オス・メスともに健康であることが必要です。エサをしっかり与えて、元気に育てましょう。

そして冬場に入ったらクーリング（冬季の擬似体験）を行ないます。

それまで30度程度だったケージ内の温度を、2週間ほどかけて徐々に18度くらいまで下げていきます。クーリングの間、エサはあげず、与えるのは水だけにします。

昼間は寝てばかりなボクだけど、お嫁さん募集中

オス（上）のほうが
メス（下）よりも
体がやや大きい

この温度を1カ月ほど続けたら、2週間ほどかけて元の温度に戻していきます。

これでクーリングは完了で、次にオスとメスを一緒のケージに入れて交尾をさせていきます。

抱卵から産卵、孵卵までの流れ

交尾後はオスとメスは再び分けて飼育し、メスは体内の卵を成長させるために栄養が必要になり、食欲が増してきます。この時にしっかりとエサを与え、特にカルシウム剤やビタミン剤を欠かさずコオロギにまぶしてからあげましょう。

交尾から10日程度で腹部に卵が透けて見えるようになり（抱卵）、それから1カ月程度で産卵します。ヒョウモンが1度に産む卵（これを1クラッチと呼びます）は2個で、その後、約1カ月ごとに3～5クラッチ産卵します。

生まれた卵は上下の印を付けて速やかに回収し、生まれた時の上下を変えずに孵卵器に入れて温めます。30度前後の温度で温め続けると、1カ月強～2カ月で卵が孵ります。

ボクと
結婚しよう！

コラム③

ヒョウモントカゲモドキ飼育のコツのコツ

本書の監修を務めるｉＺｏｏの白輪園長にヒョウモントカゲモドキと末永く暮らすコツを教えてもらいました。

コツ1 尾を強くにぎらない

ヒョウモントカゲモドキのシンボルともいえる太いしっぽには脂肪分が蓄えられています。乾燥した地域に住むヒョウモントカゲモドキは、いざというときに尾の脂肪分を水分に変えて生き延びます。この太いしっぽを強くにぎって持つと敵に襲われたと思って自切することがあるので、掃除やハンドリングのときには注意が必要です。

コツ2 夕方には湿度を高くする

野生のヒョウモントカゲモドキが住んでいるのは、彼らが活動を開始する夜になる直前の夕方に霧が発生することが多い地域です。そこで2日に1回程度、夕方頃に霧吹きなどでケージの湿度を高くしてあげると、ヒョウモンは活発に活動するようになります。ただし、直接ヒョウモンのからだに霧（水）をかけないように注意してください。

コツ3 紫外線は不要

ヤモリの一種であるヒョウモントカゲモドキは、夜行性のトカゲです。紫外線を浴びなくてもいいので、日光浴の必要はありません。ケージは、直射日光が当たらない場所において、昼間は薄暗くしておくと落ち着きます。

第4章

フトアゴヒゲトカゲと暮らしたい

【飼育実践編】

動作や表情に愛嬌があり、

飼育が比較的容易なトカゲとして

子供や女性にも人気が高い

フトアゴヒゲトカゲ。

爬虫類やトカゲ飼育の初心者でも

楽しく始められる

飼育の方法を徹底ガイド

●飼育指導
海老沼剛（Endlesszone）

●撮影協力
Endlesszone

フトアゴヒゲトカゲと暮らす10の理由

ご主人様の顔は
ちゃんと覚えてるよ

1

なんといっても
動作に愛嬌があって
愛着がわく

2

飼っているうちに
顔を覚えてくれる

ゴハンをくれる人は
みんな大好き！

3

10 ～ 20 年は
生きるので、
家族の一員として
暮らせる

4

さまざまな色合いがあり、
自分だけの個体を持つ
楽しみがある

清潔好きだから
匂ったり
しないぞ

6

手からエサを
食べてくれる

5

鳴かないので
家の中で
安心して飼える

7

エサは数日に
1回ていどと
飼育が楽

からだによじ登る
のも得意さ

8

馴れると
からだに乗せて
スキンシップも
とれる

10

価格が比較的安く、
種類も豊富で
手に入れやすい
（ベビー個体で1万円ていど～）

9

手に乗せても
匂わない

フトアゴヒゲトカゲのからだ

フトアゴヒゲトカゲのからだは、成長しても最大で45㎝程度。そのうちの約半分を尻尾が占めているので、ボディ部分は20㎝ちょっとしかありません。そのなかに、さまざまなボディパーツがコンパクトにまとまっているわけです。では、そのからだの隅々まで見ていきましょう。

体表

細かい鱗に覆われており、イボイボやトゲトゲがからだ全体に広がっています。お腹側は均質の細かな鱗です。

口

口の中には細かく鋭い歯が並んでいます。舌は先が丸く、エサを捕獲する時にも使います。

鼻

目がいいので嗅覚はそれほど鋭くなく、鼻の孔はあまり目立ちません。

体側

トゲトゲした鱗が並んでいますが、鱗の根本が柔らかいので、触ってもそれほど痛くありません。

前足

前足を手のようにグルグル回す仕草をすることもあります。

後ろ足

力強い後ろ足は、外側から
２番めの指が長いのが特徴。

爪

爪はしっかりと伸びており、木などの立体物を登る時などに使います。

尾

緊張状態の時には尾をピンと上に反らせることも。他のトカゲと違い、一度切れると再生しません。

目

フトアゴヒゲトカゲは昼行性なので、瞳は丸いです。まぶたと瞬膜で眼球を保護しています。

耳

大きな穴があいている耳には鼓膜があり、音には敏感です。

下顎

トゲ状の鱗があり、これがアゴヒゲの名前の由来に。威嚇する時は下顎を膨らませて鱗を立てます。

フトアゴヒゲトカゲのバリエーション

フトアゴヒゲトカゲは、自然環境下ではからだは褐色や黄褐色のものが多いのですが、日本で流通しているものは人工的に繁殖・飼育されたもので、ブリーディングによりさまざまな色合いの個体が生まれています。そのため、自分の好きな種類やカラーの個体を選ぶことができます。

レッドハイポ
トランス

スーパーレッド
ダナーハイポ
ヘテロトランス

スーパーレッド
ハイポトランス

レッド
ジェネティックス
トライプハイポ
トランス

 写真提供：マニアック・レプタイルズ

丈夫な個体の選び方

個体選びはじっくりと

　フトアゴヒゲトカゲは、大事に飼育すれば10年ほどは生きるとされています。ベビー個体を購入して飼い始めるか、アダルト個体を購入するかによっても変わってきますが、犬や猫と同様、これからペットとして、家族の一員として長い付き合いになるので、購入する際にはじっくりと好みの個体を選びたいものです。

　個体の購入にはさまざまな方法がありますが、自宅近くに爬虫類専門のペットショップがあれば、そこで選ぶのが一番。爬虫類専門店でも得意分野があり、ヘビやカメなどトカゲ以外のものが多いお店もありますが、フトアゴヒゲトカゲは爬虫類のなかでもペットとして人気なので、多くのお店で取り扱われています。

　第5章「白輪園長オススメ！　優良『トカゲ』ショップ&パーク」（P77〜）でもお薦めのショップを紹介しているので、そちらもショップ選びの参考にしてみてください。

　もう一つの方法は、全国各地で行なわれている、爬虫類のイベントに行くこと。いろいろな爬虫類専門店が自慢の個体を展示するだけあって、目移りするほどいろいろな個体のなかから選ぶことができます。

まだ子供だから、
これからの人生、いや
トカゲ生は長いよ

値段はカラーや品種によってさまざまですが、安いものなら1万円前後から買うことができます。

もうすぐお別れだね
向こうに着いたらメールくれよな？

購入前の健康チェック

爬虫類専門店で取り扱われている個体は、どれもしっかりした管理下で育てられているので、健康状態にまず問題はありません。個体の状態で気になることがあったら、店員さんに遠慮なく聞いてみましょう。

それでもまず自分の目でしっかり確認するのは大事なこと。そのためには以下の点に注意して個体を見てみるといいでしょう。

- **ケージの中で元気そうに見えるか**
- **体が変形していたり、目の周りに異常はないか**
- **皮膚に異常はないか**
- **変に痩せたりしていないか**
- **足の指が揃っているか**

個体を観察していると、向こうからこちらに寄ってきて、誰？　といった感じで興味深そうに首をかしげるポーズをしてくることも。そうなったらもう一目惚れしてしまうこと間違いなしです。

あなたは誰？
ボクを飼ってくれるの？

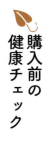

フトアゴヒゲトカゲのお家を作ろう

飼育に必要なケージは？

ベビーサイズの頃は全長20㎝ほどのフトアゴヒゲトカゲですが、成長は意外に速く、あっという間に45㎝程度にまで大きくなります。そのため、飼い始める時にはアダルトサイズを想定した大きさのケージを準備したほうがいいでしょう。

　その大きさは最低でも幅60㎝×奥行き45㎝程度。できたら幅90㎝のほうが、大きくなってからも十分に動き回れるスペースを確保できます。自宅で飼う場所を考慮しながら、爬

ケージの前面が開閉式になっているものなら、掃除やエサやり、フトアゴの出し入れなどにも便利。爬虫類専門店などで購入できます。

床材用のウッドチップにはアスペンがお薦め

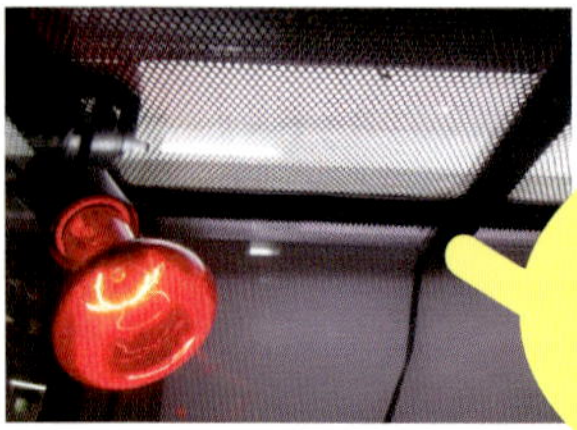

紫外線の出る蛍光灯と保温用の赤外線ライトは必需品

虫類専門店の店員さんと相談して決めるといいでしょう。また、フトアゴは平面移動が主なので、ケージの高さはあまり気にする必要はありません。

　フトアゴは乾燥地帯の生き物なので、床が濡れているのを嫌います。床材には吸収力が高く、処理が簡単なペットシートがお薦め。それでは味気ないという方は、まず最初はウッドチップを使うのがいいでしょう。

その他、快適な住環境に必要なもの

　フトアゴヒゲトカゲはオーストラリア東部の乾燥地帯が原産で、比較的高温下での住環境を好むため、ケージ内の温度維持には気を遣う必要があります。そのため、ケージの下に敷いて温めるシートヒーターは必需品。これでケージ全体を温めるのではなく、ケージ床の3分の1程度の大きさがあれば十分です。自動的に温度調節するものがほとんどなので、つけっ放しでも安心です。

ケージを底から温めるシートヒーターと、保温用ライトに接続して温度を調節するサーモスタット

　もう一つの熱源としてスポットライトも必要になります。これは、ケージ内でフトアゴが体温を上げるために、いわば日光浴をするもので、電球型のものを使います。この電球の真下に岩などを置いておけば、岩が温まり、お腹側からも体を温めることができます。

　そしてもう一つ必要なのが紫外線の出る照明。フトアゴはエサのカルシウムを吸収して体内でビタミンD_3を合成するために、紫外線を浴びる必要があります。そのために、紫外線を発する蛍光灯とライトカバーをケージの上に設置します。

　あとは水入れも重要。乾燥を好むフトアゴですが、水はたくさん飲みます。倒れて水がこぼれたりしないよう、低く安定した水入れも用意しましょう。

フトアゴヒゲトカゲの快適な暮らし

快適な環境の温度は？

フトアゴヒゲトカゲは昼行性なので、昼間に活動し、夜の間は寝ています。しかも、原産地のオーストラリア東部は日差しの強い場所なので、気温が高く、太陽の光を常に浴びる環境下を好みます。そのため、飼育下でも同じような環境を作ってあげることが、フトアゴにとって快適な暮らしとなるのです。

そのためにはまず、温度管理が必要です。温度管理のためにシートヒーターやスポットライト、そしてサーモスタットが必要になりますが、そこで設定するケージ内の温度は、昼間が20～30度、夜間は20～25度くらい。ベビー個体はまだ低温に弱いので、昼間はケージ内の温度を高めにする必要があります。

夜にやや温度を下げるのは、自然下でも昼夜で気温差があり、気温が

変温動物の
ボクたちは、
こうやって体温を
調節してるのさ

清潔で乾燥した
ところが好き。
汚れて濡れた所は
大嫌い！

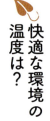

下がる夜間は体を休めます。それと同じような環境にするためです。一年中、この温度を保ち、繁殖をさせるのでなければ、特に冬眠をさせる必要はありません。

大切な日光浴

フトアゴヒゲトカゲは日光代わりに特別な蛍光灯（前項参照）で紫外線を浴びるほか、体温を上げるための「ホットスポット」も必要です。

ケージの上に設置したスポットライトの下に岩やシェルターなどを置いておくと、フトアゴはその上に乗って日光浴のようにしてスポットライトの光を浴びます。その熱で体温を上げているのです。この際、ホットスポット直下の温度は40～45度が目安となりますが、夜間は必要がないので、消しておきます。

平面を移動するのが主なフトアゴは、立体的なものをケージ内に置いておく必要は特にありませんが、大きくてガッシリした流木などを置いておくと、そこによじ登って一休みすることもあります。ケージ内の飾りとしても雰囲気がでるので、スペースに余裕があれば入れておくのもいいでしょう。

また、隠れ家となるシェルターも特に必需品というわけではありませんが、ホットスポット用の岩を兼ねたものとして使うこともできます。時にはフトアゴが中に入ってからだを休めることもあります。

流木を手に入れるには、近所に大きな川がない人は、ペットショップなどで

岩状のシェルターは爬虫類専門店などで買えます

フトアゴヒゲトカゲのごはん

どんなエサを食べるの？

フトアゴヒゲトカゲは基本的には雑食ですが、主にコオロギなどの昆虫類を好みます。コオロギはタンパク質や脂質を豊富に含み、栄養バランスに優れています。とはいえ、これだけではやはり栄養的に偏ってしまうので、その他にも植物性のエサなどを与える必要があります。

エサ用のコオロギは爬虫類専門店などで手に入りますが、エサとしてあげる前に一手間加えると、さらに栄養価が高まります。そのためには、コオロギに野菜を食べさせて栄養価を高め、さらに、直前にはカルシウム剤やビタミン剤の粉をまぶしてからフトアゴに与えます。そうすることで、フトアゴがカルシウム不足になるのを防ぐことができます。

コオロギ以外の昆虫では、爬虫類専門店で手に入るシルクワームのような幼虫類も栄養価が高く、フトアゴも好んで食べるので、ときおりあげるといいでしょう。

植物性のエサとしては、小松菜やチンゲンサイなどの葉野菜や、ニンジン、カボチャなどの緑黄色野菜を、みじん切りにして与えます。

幼体のフトアゴヒゲトカゲ専用の人工飼料。成体用のものもある

コオロギにまぶすためのカルシウム剤

レッドローチも、フトアゴの大好物

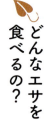

目の前でエサを揺らすと、パクリと食いつきます。また、ケージ内に生きたコオロギを放すという方法もあります

エサの与え方と頻度

コオロギやワームは、一匹ずつピンセットでつまんで、目の前に落とすか、フトアゴの目の前で揺らしてあげると食いついてきます。エサのメインとなるコオロギの場合、フトアゴが若いうちは食べられるだけ与えてしまってかまいません。成体に育っていくにしたがって、野菜類のエサを増やしていき、そのぶんコオロギの数を減らしていきます。

また、最近はトカゲ用の人工飼料も販売されており、栄養的にもバランスが取れたものなので、ときおり与えてあげるといいでしょう。また、生きている昆虫が苦手な人にとって利用しやすいエサでもあります。

エサを与えるのは、フトアゴのからだが十分に温まってからでないと、あまり食欲を示しません。なので、朝はスポットライトなどでケージ内を温め始めて少し時間がたってから与えるといいでしょう。

エサを与える頻度は、個体が生まれてから3カ月の間は毎日、それ以降は毎日か隔日になります。成体になってからなら、旅行などの理由で数日与えなくても問題ありません。

与える前にカルシウム剤をまぶしたコオロギ。これで栄養的にもバッチリに

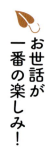

フトアゴヒゲトカゲの世話と健康チェック

お世話が一番の楽しみ！

フトアゴヒゲトカゲの飼育には、エサあげ以外にも、毎日のお世話が必要になります。これを面倒などと思う人はフトアゴヒゲトカゲ飼育者のなかにはいません。毎日世話をして触れ合うことが、フトアゴを飼っている一番の楽しみなのですから。

毎日お世話を
してくれれば、
いっぱい
懐いてあげるわ
エッヘン！

　朝起きたら、まずはスポットライトをつけてケージ内を温めてあげます。フトアゴのからだが温まった頃にエサやりです。

また、ケージ内でフンを見つけたらなるべく早く取り除いてあげましょう。また、フトアゴは尿を白っぽいかたまり状のもので排出します。そちらも見つけたらすぐに取り除きましょう。

黒いのがフンで
白いのが尿

　床材は週に1回は交換、ケージも2週間に1回は内側を水洗いして清

潔さを保ってあげましょう。

毎日の健康チェック

フトアゴは丈夫で飼いやすいペットですが、時には体調をくずしたり、病気になったりもします。しかし、フトアゴは鳴いたりして不調を訴えることができません。そのため、飼い主が頻繁に健康チェックをしてあげる必要があります。

そこで、毎日のお世話の際に以下のこともチェックしましょう。

- **便の状態はどうか**
- **食欲はあるか**
- **エサは食べるのに痩せていないか**
- **目の周りに異常はないか**
- **体の表面に異常はないか**
- **体が変形していないか**

少しでも異常を感じたら、まずは懇意にしている爬虫類専門店に相談するのがいいでしょう。もし症状がひどいようなら、近くにある爬虫類専門の獣医さんのところで診断を受ける必要があります。

お腹の調子が
悪いんだけど、
ご主人様は
わかって
くれないの……

フトアゴヒゲトカゲと遊ぼう

ハンドリングの方法

まず最初に知っておきたいのは、爬虫類は犬や猫などとは違って、人間とのスキンシップを求めていないこと。むしろ嫌がる傾向にあります。しかし、飼っているペットと触れ合いたいと思うのは自然なことです。

その点、フトアゴヒゲトカゲは何代にもわたるブリーディングのおかげで、爬虫類のなかでは珍しく、人間に触られることをそれほど厭いません。温度を求めてですが、手を出すと向こうから乗っかってきたりする個体もいたりします。

フトアゴが自然と手の上に乗っかれるように、手を下から差し出す

爬虫類を手で扱うことをハンドリングといいますが、フトアゴをハンドリングする際には、手をフトアゴのからだの下に差し出して、からだを支えるようにして持ち上げることが重要です。フトアゴがハンドリングに慣れてくれれば、それほど気を遣う必要もなくなりますが、最初は優しく取り扱ってあげましょう。

決してしてはいけないのが、頭や

からだの上から手を覆いかぶせるようにすること。自然下では捕食者に上から攻撃されることが多いため、本能的に身の危険を感じ、暴れたり逃げ出したりします。また、尻尾を持って持ち上げることも厳禁です。

ワッ!!!

さらに深いスキンシップ

飼い主にハンドリングされることに慣れてくると、手の上だけではなく、今度は飼い主のからだによじ登ってきたりもします。さらに慣れてくると、そのまま体の上でリラックスして寝てしまうことも。これは実際には単に人間の体温に暖を求めての行動なのですが、飼い主としては、思わずペットから愛情を感じて嬉しくなってしまうものです。

基本的にフトアゴに散歩は必要ありませんが、フトアゴ愛好家同士のお披露目などで外に連れていく際には、小型犬用のキャリーケースなどに入れて持ち運びましょう。ただし、人前に出すのは公の場では絶対にしないこと。自分が好きだからといってすべての人がトカゲに好意を持つわけではありません。

手の温もりが
心地いいんだよな〜
まったり〜♪

この人はワタシのものよ!
もう離さないわ!
love

フトアゴヒゲトカゲの繁殖

繁殖を考える前に

もういいかげん、
独り者でいるのも
寂しくなってきたなあ

フトアゴヒゲトカゲの飼育に馴れると、今度はその上の繁殖に進みたくなる人も多いようです。しかもフトアゴは爬虫類としては繁殖が容易で、そのためにペットとしてここまで広まったということもあります。フトアゴを育て上げた経験を持つ人であれば、繁殖はそれほど難しいものではないでしょう。

とはいえ、今度は生まれたベビーたちをどうするかという問題があります。フトアゴは1回に20～30個を産卵します。その卵が孵れば、一度に20匹以上のベビーの誕生です。繁殖に挑戦するためには、生まれたベビーたちを引き取ってもらえるよう、馴染みのペットショップなどに確認しておく必要があります。

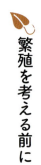

繁殖までの準備

まず準備するのは、当然ながらオスとメスの個体です。フトアゴは生後8カ月程度で性的に成熟しますが、実際には1年以上、抱卵や産卵に体力が必要なメスの場合は2年以上は育てた個体のほうがいいでしょう。また、オス・メスともに健康であることは言うまでもありません。

夏の間に栄養のバランスよくエサを与え、体力をつけていきます。秋にはクーリング（冬眠）の準備に入り、ケージ内の温度を徐々に下げていき、冬になればケージ内の温度を15度程度にして、クーリングに入ります。この時期、フトアゴは寒さでエサを食べなくなります。この状態を2～3カ月続けてから温度を元に戻し、オスとメスを同居させます。

発情から孵卵までの流れ

オスは発情するとメスの前で頭を上下に振る「ボビング」を始めてメスを交尾に誘います。これをメスが受け入れれば、交尾が始まります。それから1～2週間後にメスの腹部に卵の膨らみが見えてきたら、オスとメスは別々にします。メスは産卵に備えて食欲が増し、この時期にはカルシウムやビタミンをしっかりと与える必要があります。

交尾から1カ月ほどで産卵するので、それが近づいてきたら、産卵場所として、土の深さが20～30㎝のケージを用意して、そこにメスを入れます。メスは自分で穴を掘り、そこに卵を産んでいきます。

産卵後のメスには飲み水を十分に与え、カルシウムを加えたエサを与えて体力を回復させます。生まれた卵のほうは、土から取り出して孵卵器に入れて温めます。そして約2カ月後には、ベビーたちが卵から孵ってきます。

ボクたちは
一緒に生まれてきた兄弟。
誰が誰だか見分けがつかない
のが悩みのタネさ

コラム④ フトアゴヒゲトカゲ 飼育のコツのコツ

本書の監修を務めるiZooの白輪園長に
フトアゴヒゲトカゲと末永く暮らすコツを教えてもらいました。

コツ1 ケージ内の湿度を高くしない

オーストラリアの乾燥地帯に住むフトアゴヒゲトカゲは、湿気に弱いトカゲです。フトアゴは、湿度を高くすると皮ふ病になりやすいので、温度管理とともに湿度にも注意してください。

コツ2 真夏の日光浴に注意

野生下では、昼間活動し常に太陽を浴びているフトアゴですが、40度以上になる極度の高温は大敵です。真夏の日本は、直射日光の下では予想以上に高温になります。たとえば、ケージをベランダに出しっ放しにした日光浴や窓際に置くといった行為は、絶対にやめてください。体温調節できず、あっという間に死ぬ恐れがあります。

コツ3 紫外線が大切な理由

昼間活発に活動するフトアゴは、常に紫外線を浴びています。紫外線を浴びることでカルシウムを吸収できるようにするという面もあります。ですから、昼は常に紫外線を浴びられるように紫外線ランプをつけておいてください。

第5章

白輪園長オススメ！
優良「トカゲ」ショップ＆パーク

一緒に暮らすトカゲを選ぶために
大事なことは、初心者にも親切で
相談にのってくれる店員さんがいて、
信用のおけるショップを選ぶことです。
iZoo園長で爬虫類界のカリスマ・
白輪剛史さんがオススメする
ショップなら安心です。

心がときめく
お洒落な店内

静岡県
静岡

爬虫類を見ながらお茶も楽しめる！

DendroPark

（デンドロパーク）

ボールパイソンとヒョウモントカゲモドキをメインに爬虫類を数多く取り揃えている

静岡市と名古屋市に店舗がある爬虫類専門店。品質にこだわるオーナーがアメリカを中心に一流ブリーダーから定期的に直輸入を行ない、良質な生体をリーズナブルな価格で販売しています。ボールパイソン、ヒョウモントカゲモドキ、カーペットパイソン、パンサーカメレオンには特に力を入れており、海外の有名ブリーダーが作り上げた極上個体が所狭しと並んでいます。

整然と並べられた水槽はレイアウトや照明にまで工夫が施され、爬虫類のお店のイメージを覆すお洒落な店内。まるで水族館にいるかのような癒しの光景に、初めて爬虫類のお店に行く人も抵抗なく、くつろぐことができます。

店内にはカフェスペースも併設

カフェスペースには爬虫類たちも展示されているので、それを見ながらお茶や軽食が楽しめる

（右）ヒョウモントカゲモドキは常時数十匹取り揃えている。（左）静岡店：JR東海道線「静岡駅」北口から国道1号線を西へ3.8km

され、爬虫類たちに囲まれて、お茶や軽食をとりながらひと休みできるのも嬉しい。店員さんたちも気さくで爬虫類に詳しい人たちばかり。常連さんになると時間を忘れて過ごしてしまうこともしばしば。静岡と名古屋の2店舗とも、それぞれ個性的なオーナーが駐在しているので、両方立ち寄って見比べてみてはいかが？

DendroPark
（デンドロパーク）

静岡本店
静岡県静岡市駿河区手越原250-3
920ビル1F
TEL：070-5335-0051
OPEN：15:00〜22:00（月・火曜日定休）
土日祝13:00〜22:00

名古屋店
名古屋市港区小碓2-31 2F
TEL：090-3304-2698
OPEN：15:00〜23:00（水・木曜日定休）

E-mail：akitos@ma.tnc.ne.jp

ツイッターで
最新情報を
ゲット！

東京都
高円寺

爬虫類・両生類の専門店

Endlesszone

（エンドレスゾーン）

爬虫類から両生類まで、さまざまな種類を取り扱っている

両生類・爬虫類に関する飼育ガイドブックを数多く手がけているオーナーのお店。それだけに取り扱っている生体もしっかりとしたケアがなされており、安心して購入することができます。

　また店員さんたちも飼育に関する知識が豊富なので、わからないことや困ったことがあれば気軽に相談できるのが嬉しい。

　お店のホームページでは、在庫の個体に関する詳しい説明や写真が掲載されているので、お店に行く前に確認しておくのもいいかも。もちろん店内にも数多くの個体がそろっているので、直接自分の目で見て選んでみてください。もしかしたら、トカゲを買いに行ったのに、カメに一目惚れなんていう

店内ではフトアゴヒゲトカゲをはじめ、さまざまな爬虫類が出迎えてくれる

（右）エサや飼育グッズも豊富に取り揃えている（左）この看板が目印。最寄り駅は地下鉄丸ノ内線「東高円寺」、またはJR中央線「高円寺」

ことがあるかも。

ツイッター（@enzou2015）でも最新の入荷情報を常にアップしているので、そちらをフォローしておくのもいいでしょう。

またこの店では、飼いきれなくなった生体、事情により手放した生体、自家繁殖した生体などの買い取り・引き取り・下取りを積極的に行なっています。

Endlesszone
（エンドレスゾーン）

〒166-0003
東京都杉並区高円寺南1-19-14
TEL：03-3312-6220
OPEN：15:00〜22:00（木曜日定休）
E-mail：info@enzou.net
URL：www.enzou.net

横浜に行ったら立ち寄りたい店

神奈川県
横浜

初心者からマニアまで満足する品揃え

Maniac Reptiles

（マニアックレプタイルズ）

愛嬌のあるフトアゴヒゲトカゲが水槽からご挨拶

ヘビ、トカゲ、ヤモリ、水ガメ、陸ガメ、昆虫まで、取り扱っている種類が豊富で、初心者からマニアまで満足する品揃え。店主自らが常に海外に出向いて買い付けてくるから、個体の質も間違いなし。特にボールパイソンは種類、個体数、状態ともに他店を寄せ付けないほど充実しています。

それもそのはず。店主はボールパイソンの飼育から遺伝、繁殖まで、すべてを網羅した専門書『パーフェクト・ボールパイソン』の著者でもあり、日本でも有数のボールパイソン専門家なのです。もちろん、ヒョウモントカゲモドキやフトアゴヒゲトカゲなどのトカゲ類も充実しています。

店主だけではなく、店内には経

最寄り駅は地下鉄ブルーライン「伊勢崎長者町」またはJR根岸線「関内」

(右)開業して12年になり、爬虫類・両生類専門店としては老舗。(左) ボール以外のパイソンも豊富に揃っている

験豊富なスタッフが常駐し、個体の説明から飼育方法まで詳しく説明してくれ、飼い始めた後の親切丁寧なアフターケアも充実。また、繁殖のノウハウも豊富に持っています。だから初心者でも安心して購入することができます。

横浜スタジアムや中華街からも徒歩圏内なので、休日にぶらりと足を運んでみてはいかが？

Maniac Reptiles
(マニアックレプタイルズ)

〒231-0033
神奈川県横浜市中区長者町1-4-14
TEL：045-664-5445
OPEN：13:00～22:00
(水曜日、第2・4木曜日定休)
日曜日13:00～21:00
URL：maniacreptiles.com

初心者からマニアまで

神奈川県
川崎

タメになる爬虫類談義も楽しめるお店

aLiVe

（アライブ）

ケージ内のキレイなレイアウトは、自分が飼育するうえでも参考になる

住宅街の目立たないところにある隠れ家的な存在で、間もなく創業15周年を迎える爬虫類専門店の老舗。店内に入ると、ペットショップとは思えないゆったりしたスペースの中にきれいにレイアウトされた水槽が並び、まるで水族館のよう。限られたスペースながらも、常に200種類以上の爬虫類がそろっているそうです。

そのどれもが、店主が自分の目で見てセレクトした個体ばかりなので、どれを選んでも間違いありません。

「飼い始めてからのアフターサービスのことも考えると、家の近くにある専門店で買ったほうがいいですよ」と勧める店主とは、初心者からマニアまで、深くて幅広い

爬虫類専門ショップとは思えないお洒落な店内で、女性一人でも入りやすい

（右）ヒョウモントカゲモドキをはじめ、その他トカゲ類やカメなどが豊富にそろっている（左）JR川崎駅から徒歩7分。大通りから一つ中に入ったところにある

爬虫類談義が楽しめます。これも、店主との会話をゆっくり楽しんで、初心者の人にも納得したうえで個体を購入してもらいたいというポリシーからだそう。

飼育のなかでわからないことがあったら、電話による問い合わせにも答えており、飼えなくなった生体の買い取り・下取り・引き取りもしています。

aLiVe
（アライブ）

〒210-0024
神奈川県川崎市川崎区日進町2-5
第2セントラルコーポ108
TEL：044-221-0566
OPEN：15:00～21:00
（水・木曜日定休）
URL：www.alive-rep.jp

大型爬虫類好きにはタマらない

神奈川県
厚木

大型から小型まであらゆるトカゲが揃う

TOKO CAMPUR

（トコチャンプル）

ゆったりした店内で、爬虫類に囲まれての爬虫類談義も楽しめる

大型の爬虫類ならどこにも負けない品揃え。ヘビやトカゲなど、他ではなかなかお目にかかれない大型の個体が揃っています。また、色彩が他とは違ったものも多く取り扱っています。

これもひとえに、店主の大型爬虫類に対する愛情の賜物。毎年４月に、これまで関わってきた動物たちの命を供養するために、動物合同慰霊祭を執り行なっていることからも、それがうかがえます。

そんな愛情あふれる店主のお店なら、揃っている個体に間違いはありません。自分の目で見て、わからないことがあったら店主に納得いくまで話を聞きましょう。きっと気に入った個体が見つかることでしょう。

ヒョウモントカゲモドキはアメ

迫力のこの大きさには、さすがに圧倒されます

（上）小田急・本厚木駅から徒歩5分。マンションの1階にある小さな看板が目印
（下）ヒョウモントカゲモドキもさまざまな種類をお手頃な価格で取り揃えている

リカの有名ブリーダーから直輸入。個体が多くそろっています。

毎月の最終週末の金曜日、土曜日、日曜日は「月末びっくりDAY」として、店内にあるすべての個体を値引きして販売（一部対象外）しており、いつもの価格から5割引きになることも。それを狙ってお店に行ってみるのもいいかもしれません。

TOKO CAMPUR
（トコチャンプル）

〒243-0014
神奈川県厚木市旭町1-20-13
青木コーポ1F
TEL：046-227-2233
OPEN：12:00～22:00
（月曜日定休）
URL：www.asiajp.net

爬虫類マニアの聖地！

静岡県
河津

希少なトカゲに出会える！

iZoo
（イズー）

カリブ海のエグズーマ島のみ生息する希少なイグアナ

日本唯一の「爬虫類専門」動物園として、爬虫類マニアにはおなじみの〝聖地〟が東伊豆・河津にあるｉＺｏｏ（イズー）。園長は、本書の監修も務め、爬虫類界で知らぬ人はいないといわれるほど超有名な白輪剛史さん。

ｉＺｏｏでは人気のトカゲはもちろん、希少なイグアナ類や日本でもココだけにしかいないミミナシオオトカゲも間近でじっくり観察できます。

園内には、無料の「触れる体験コーナー」もあるので、実際にトカゲをはじめとする爬虫類を手に乗せることも可能。その上、なかなか触ることができない大型のヘビと記念撮影したりゾウガメに乗る体験もできるので、親子連れで楽しめます（有料）。

ヒョウモントカゲモドキ
エボシカメレオン
レッサーアンティルイグアナ
ヒロオビフィジーイグアナ
フトアゴヒゲトカゲ

（左）展示されている爬虫類や両生類などは、ほとんどが全天候型の室内展示。（右）お土産売り場やレストランも充実しています。

毎月のように入れ替わる他の爬虫類も充実しているので、いつ行っても新顔に出会えるのもうれしいポイント。iＺooは、全天候型の動物園なので、季節や天候に左右されることなく、いつでも爬虫類に会えるのも大きな魅力です。

iZoo
（イズー）

〒413-0513　静岡県賀茂郡河津町406-2
TEL 0558－34－0003
OPEN：9:00～17:00（年中無休）入園16:30まで

入園料

区　分	一　般	団体割引／15名以上〈当日可〉
大人（中学生以上）	1,500円	1,200円
小人（小学生）	800円	600円
幼児（6歳未満）	無料	

URL:http://izoo.co.jp/

コラム⑤

切れて再生した尻尾はどうなる？

飼育下で自切することも

トカゲの仲間は、捕食者などの外敵に襲われたりして身の危険を感じると、自分で尻尾を切断して、残された尻尾の動きに相手が気を取られているうちに逃亡しようとします。これを自切（じせつ）といいますが、たいていの場合、切れた尻尾はあとで再生します。

これはヒョウモントカゲモドキも同じで（フトアゴヒゲトカゲは自切をせず、尻尾が切れても再生しません）、ヒョウモンの場合、外敵のいない飼育下でもまれに自切することがあるので、尻尾を持ってぶら下げたり、引っ張ったりしないようにしましょう。

また、ベビー時代に複数の個体と一緒に飼われていた時、仲間に尻尾をかじられたりして自切してしまうこともあるようです。

これはこれでまた一つの個性

切れてしまった尻尾はしばらくすると再生しますが、これを再生尾といい、オリジナルのものとは外見がやや異なります。

左の写真を見ていただくとわかるとおり、再生された尻尾にはツブツブの鱗や段差がなく、サラリとした感じになります。

尻尾の先もやや丸みを帯びるようです。もう一枚のオリジナルの尻尾と比べてみると、それは一目瞭然です。

とはいえ、尻尾としての役割に変わりはなく、健康上も問題ないので、敬遠する必要はありません。

これはこれで他とは違った個性だと考えれば、再生した尻尾を持つ個体も味わい深いものともいえるでしょう。

▲ 自切して再生した尻尾

▲ オリジナルの尻尾

納得！

トカゲQ＆A

トカゲと暮らす前に知っておくと、
なにかと役に立つこと間違い無し！
トカゲに関する基本的な疑問にしっかり答えます。

納得！トカゲQ&A

Q ヒョウモントカゲモドキって、トカゲなの？トカゲじゃないの？

A 「モドキ」という名前がついているので紛らわしいですが、間違いなくトカゲの一種です。生物分類的に見ると、爬虫類はカメ目、ワニ目、有鱗目など大きく４つに分けられ、そのうちの有鱗目の下にヘビ亜目やトカゲ亜目が含まれています。そして、トカゲ亜目の下にヤモリ下目があり、以下、ヤモリ科、トカゲモドキ亜科、アジアトカゲモドキ属と続き、最後の種類としてヒョウモントカゲモドキとなります。つまり、トカゲ亜目の下に属することから、トカゲの仲間ということになるのです。

ちなみにフトアゴヒゲトカゲのほうは、トカゲ亜目まではヒョウモンと同じですが、その下から分かれ、イグアナ下目、アガマ科、アガマ亜科、アゴヒゲトカゲ属と続き、フトアゴヒゲトカゲとなります。

ボクは正真正銘トカゲだよ。モドキなんていう名前は失礼だよなあ。それより、英語名のレオパード・ゲッコーのほうがカッコいいよね

専門店やサイトなどで見かける「WC」「CB」って、何の略号？

こう見えても
大切に育てられた
深窓の令嬢なのよ

これは、それぞれの個体の由来を表し、WCは「ワイルド・コウト」の略で「原産地で捕獲された野生のもの」、CBは「キャプティブ・ブレッド」の略で「飼育下で育てられた親から繁殖されたもの」という意味です。さらに、WCの個体を飼育して繁殖させたものという意味のFH「ファーム・ハッチト」もあります。

一般的には、野生のWCは飼育が難しく、飼育下で誕生・育てられたCBのほうが飼育に適しています。日本で流通しているヒョウモントカゲモドキやフトアゴヒゲトカゲのほとんどがCBです。

自宅近くにトカゲを扱っているペットショップがないのですが、どうしたらいいですか？

多くの爬虫類専門店がHPを持っているので、インターネットで検索して、近くにないか探してみましょう。前項にあるお薦めのショップなども参考にしてみてください。また、各地のショッピングセンターの催し物会場などで爬虫類フェアを定期的に開催しているところもあるので、そちらに出かけてみるのもいいでしょう。

静岡市のツインメッセ静岡で毎年２回行われる「ジャパンレプタイルズショー」は、日本最大級の爬虫類展示即売会。日本各地や海外から100社以上の爬虫類販売業者、メーカー、出版社が集まるので、時間があったらぜひ行ってみてください。開催日時など詳しくはHPをご覧ください。
(www.rep-japan.co.jp/jrs/)

世界の爬虫類が集う日本最大のイベント
ジャパンレプタイルズショー 2015 Summer
夏《なつ》レプ
世界最強の毒蛇
ブラックマンバ
遂に登場
VS
最強ゲスト
がやって
くる!!
2日
江頭2:50
& 寺田体育の日
買える
ふれる
見れる
楽しむ
8/1(土)▸2(日)
ツインメッセ静岡
北館大展示場
時間／午前10時〜午後5時

「ジャパンレプタイルズショー」のポスター

Q 他のペットと一緒に飼っても大丈夫ですか？

あそこにいる
大きな動物は何？
ちょっと恐いよ

A 犬や猫がケージの周りをウロウロする環境では、トカゲに大きなストレスがかかってしまう可能性があります。鳥などのカゴに飼われたペットなら、ケージのそばに置くことがないかぎり問題はないでしょう。

とはいえ、なかには他のペットの存在に慣れ、あまり気にしない個体がいるのも事実。犬や猫、ウサギなど、他のペットのほうもトカゲにちょっかいを出したりしなければ、一緒に飼っても問題ないでしょう。

もし一緒に飼う場合は、飼い主がペット同士の関係に気を遣ってあげる必要があります。

Q トカゲを通信販売で購入することはできますか？

お店まで
オレに
会いに来て
くれよな

A 平成24年に改正、翌年に施行された動物愛護管理法において、哺乳類、鳥類、爬虫類の販売に際しては現物確認・対面販売をすることが義務づけられ、基本的には通信販売が禁止されました。

そのため、ショップのホームページに掲載されている個体を気に入っても、通信販売で買うことはできず、実際にお店に行って買う必要があります。

これから10年以上にわたって飼っていくわけですから、ホームページで見た写真はあくまでも参考ていどに留めて、実際に自分の目で見て気に入った個体を選んだほうが、愛情も深くなってくることでしょう。

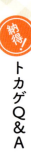

もしトカゲが病気になったら、どうしたらいいの？

最近ちょっとカラダの調子が悪いの……

様子がおかしいなと思ったら、まずはトカゲを購入したショップの店員さんに相談してみるのがいいかもしれません。もしやはり病気だという場合は、すぐに爬虫類専門の獣医さんのところに行って診断を受けましょう。

近所で開業する爬虫類専門の獣医さんを調べるには、「爬虫類　獣医　地域名」をキーワードに検索すれば見つかります。飼い始める前に、家の近くに爬虫類専門の獣医師がいるかどうかを確認しておくのがベストです。

何らかの理由でトカゲが飼えなくなった場合はどうしたらいい？

ボクを捨てたりしないよね？

ペットは最後まで飼い続ける意思がなければいけませんが、手放さざるをえなくなった場合、ネットで検索して引き取ってくれるショップを見つけましょう。「爬虫類（またはトカゲ名）　引き取り（または買い取り）」で検索すれば見つかります。珍しい種類の場合は高値で買い取ってくれることも。

絶対にしてはならないのが、野に放って捨ててしまうことです。日本の環境では外国原産のトカゲは生きていけず、周囲の生態系を壊してしまう可能性もあります。また大柄な個体のため、外で見つかると大騒ぎになります。

写真提供

●iZoo
ハナブトオオトカゲ（P9）
エリマキトカゲ（P8）
キューバイグアナ（P8,P11）
ホンカロテス（P9）
ストケスイワトカゲ（P10）
インドシナウォータードラゴン（P12）
ヒョウモントカゲモドキ（P12,P22）
パンサーカメレオン（P13）
アメリカドクトカゲ（P18）
メキシコドクトカゲ（P19）
●DendroPark
ヒョウモントカゲモドキ（P38-39）
●Maniac Reptiles
フトアゴヒゲトカゲ（P60-61）

参考文献

「爬虫・両生類飼育ガイド　トカゲ」
　二木勝・著　誠文堂新光社
「見て楽しめる爬虫類・両生類フォトガイドシリーズ　ヒョウモントカゲモドキ」、「見て楽しめる爬虫類・両生類フォトガイドシリーズ　フトアゴヒゲトカゲ」
ともに海老沼剛／著　川添宣広／編・写真
「爬虫類王国　iZooオフィシャル完全ガイド」
　白輪剛史・監修　三栄書房

Staff

プロデューサー／西垣成雄
編集・構成／佐藤義朗
原稿／佐藤義朗・大室衛
写真／山中基嘉・大室衛
装丁／志摩祐子（レゾナ）
ブックデザイン／
レゾナ　（志摩祐子・西村絵美）
イラスト／アカハナドラゴン

監修

白輪剛史（しらわ・つよし）

幼少より爬虫類に興味を持ち、独学で爬虫類の入手法や流通、育成などのすべてを学ぶ。2012年iZoo（体感型動物園イズー）を開園、園長に就任。爬虫類に関する日本最大級のイベント「ジャパンレプタイルズショー」を主催し、執筆、講演、テレビ出演などマルチに活動している。

飼育指導・協力

海老沼剛（Endlesszone）

初めてでも大丈夫！
ヒョウモン＆フトアゴの飼い方・育て方

初版印刷　2015年12月1日
初版発行　2015年12月15日

監修者　白輪剛史
発行者　大橋信夫
発行所　株式会社東京堂出版
〒101-0051
東京都千代田区神田神保町 1-17
電話　03-3233-3741
振替　00130-7-270
印刷所　東京リスマチック（株）
製本所　東京リスマチック（株）

ISBN978-4-490-20929-7 C0076